Ausgewählte Resultate

zur

Arithmetik für Gymnasien

von

Prof. Dr. Herm. Schubert

und

Adolf Schumpelick

Erstes Heft

Leipzig
G. J. Göschen'sche Verlagshandlung
1907

Spamersche Buchdruckerei in Leipzig-R.

Vorwort.

Wie schon im „Vorwort der Arithmetik für Gymnasien“ erwähnt ist, enthält dieses Werk nur die Resultate von solchen Aufgaben, „bei welchen eine Beruhigung des Schülers über die Richtigkeit der gefundenen Lösung wünschenswert erscheint, bei welchen jedoch die Kenntnis des Resultats ihm die Denkarbeit nicht abnimmt“.

Da fast sämtliche Aufgaben, deren Resultate hier angegeben sind, noch einmal durchgerechnet sind, obwohl der größte Teil derselben aus der Schubertschen „Sammlung von Aufgaben usw.“ unverändert übernommen ist, steht zu hoffen, daß sich wohl kaum noch ein Fehler finden wird.

Hamburg, im April 1907.

Hermann Schubert. **Adolf Schumpelick.**

Erster Abschnitt.

§ 2.

Reihenfolge der Rechengeschäfte.

7) a) 1999, b) 999 999, c) 2400, d) 1.

8) a) 268, b) 124, c) 6282 *), d) 13 500, e) 4530, f) 7548, g) 900, h) 15 900, i) 164, k) 238, l) 822, m) 1548, n) 86, o) 21 900.

11) a) 152, b) 1019, c) 1, d) 1.

13) a) 60, b) 1, c) 1, d) 94.

§ 3.

Der Buchstabe in der Arithmetik.

10)	a)	α) 604,	β) 704,	γ) 834,	δ) 1134;
	b)	α) 556,	β) 616,	γ) 694,	δ) 874;
	c)	α) 516,	β) 536,	γ) 562,	δ) 622;
	d)	α) 504,	β) 504,	γ) 504,	δ) 504;
	e)	α) 170,	β) 540,	γ) 1320,	δ) 4410;
	f)	α) 60,	β) 150,	γ) 267,	δ) 537;
	g)	α) 36,	β) 126,	γ) 243,	δ) 513;
	h)	α) 150,	β) 530,	γ) 1323,	δ) 4443.
11)	a)	α) 4990,	β) 9 980,	γ) 1188,	δ) 99 991;
	b)	α) 4970,	β) 9 940,	γ) 1180,	δ) 99 989;
	c)	α) 3010,	β) 2 020,	γ) 436,	δ) 90 001;
	d)	α) 4000,	β) 6 000,	γ) 624,	δ) 91 000;
	e)	α) 4000,	β) 6 000,	γ) 624,	δ) 91 000;
	f)	α) 4990,	β) 9 980,	γ) 1188,	δ) 99 991;
	g)	α) 4970,	β) 9 940,	γ) 1180,	δ) 99 989;
	h)	α) 8000,	β) 22 000,	γ) 2160,	δ) 111 000;
	i)	α) 6000,	β) 14 000,	γ) 1776,	δ) 109 000.
12)	a)	α) 782,	β) 593,	γ) 5 922,	δ) 19 164;

*) In der Aufgabe fehlt nach 16 die Klammer.

b)	α)	880,	β)	5112,	γ)	583 929,	δ)	3 214 080;
c)	α)	60,	β)	81,	γ)	738,	δ)	1 740;
d)	α)	1,	β)	1,	γ)	1,	δ)	1;
e)	α)	1602,	β)	5192,	γ)	531 522,	δ)	2 986 128;
f)	α)	2,	β)	8,	γ)	81,	δ)	144;
g)	α)	40,	β)	18,	γ)	18,	δ)	24;
h)	α)	800,	β)	648,	γ)	6 561,	δ)	20 736.

13) a) 789, b) 1879, c) 15 424, d) 9737.

14) a) 2330, b) 46 930, c) 60 162.

15)	a)	α) 54 372,	β) 60 384,	γ) 66 926,	δ) 9 880 000;
	b)	α) 14 399,	β) 43 952,	γ) 21 528,	δ) 8 360 000;
	c)	α) 10 277,	β) 86 640,	γ) 21 660,	δ) 17 680 000;
	d)	α) 19 039,	β) 44 528,	γ) 26 967,	δ) 8 160 000;
	e)	α) 244,	β) 33 280,	γ) 2 970,	δ) 7 360 000;
	f)	α) 4 961,	β) 33 232,	γ) 9 048,	δ) 6 840 000;
	g)	α) 13 398,	β) 92 224,	γ) 25 661,	δ) 18 720 000;
	h)	α) 2 162,	β) 167 424,	γ) 11 536,	δ) 38 280 000.

16)	a)	α) 30,	β) 129,	γ) 3032,	δ) 2802;
	b)	α) 62,	β) 378,	γ) 890,	δ) 8136;
	c)	α) 96,	β) 558,	γ) 1872,	δ) 9330;
	d)	α) 19,	β) 324,	γ) 2272,	δ) 1882;
	e)	α) 35,	β) 246,	γ) 3724,	δ) 7730;
	f)	α) 17,	β) 66,	γ) 520,	δ) 9142.

17)	a)	α) 24,	β) 34,	γ) 24,	δ) 50;
	b)	α) 24,	β) 34,	γ) 24,	δ) 50;
	c)	α) 27,	β) 27,	γ) 22,	δ) 51;
	d)	α) 26,	β) 26,	γ) 21,	δ) 50;
	e)	α) 7,	β) 5,	γ) 7,	δ) 19;
	f)	α) 41,	β) 51,	γ) 40,	δ) 89.

Zweiter Abschnitt.

§ 6.

Gesetze der ersten Stufe.

25) 6458. 26) 7973. 27) 8412. 28) 12 170.

29) 5901. 30) 137. 31) 244. 32) 48. 33) 432.

53) $36a + b - 6c$. 54) $3y + 5z - 9x$.

55) $3p + 196q + 5r - s - 12t$. 56) $14u + 9v + 16w$.
57) $8x + 8y + 8z$.
65) $12x + 14y$. 66) $a + b$. 67) $12a - 2$.
68) $92m + 3n + 25p + 82q$.
86) a) $31x + y + 13z$, b) $15x + 3y - 17z$, c) $5y - 17x - 15z$,
d) $17x - 5y + 15z$, e) $x - 3y - 15z$, f) $15x + 3y - 17z$,
103) $x = 1$. 104) $x = 12$. 106) $x = 6p - 2q$. 107) $x = 4e + 3f$.

§ 7.
Erste Erweiterung des Zahlengebiets.

116) a) $+39$, b) -38, c) -93, d) $+7a + 3b - 5c + d$,
e) $+6p + 2q$, f) $+5x - 3y + 6z - 23$.
117) a) -41, b) $+26$, c) $+93$, d) $+7a - 3b + 5c - d$,
e) $-4q$, f) $+3x - 3y - 4z + 23$.
118) a) $+41$, b) -26, c) -93, d) $-7a + 3b - 5c + d$,
e) $+4q$, f) $-3x + 3y + 4z - 23$.
119) a) -39, b) $+38$, c) $+93$, d) $-7a - 3b + 5c - d$,
e) $-6p - 2q$, f) $-5x + 3y - 6z + 23$.
120) a) $+23$, b) -4, c) $+101$, d) $7a - 3b + 5c + d$,
e) $+4q$, f) $3x - 9y - 4z + 39$.
121) a) $+29$, b) -20, c) $+107$, d) $+7a + 3b + 5c + d$,
e) $+8p + 4q$, f) $+5x - 11y - 4z + 29$.

Dritter Abschnitt.

§ 8.
Begriff der Multiplikation.

72) $15a + 8b - 7c$. 73) $a - 3b + 47c$. 74) $50x + 36y - 17z$.
75) $29x - 39y + 33z + 72u$.
76) $44a + 61a' - 61a'' + 172b - 20b' - 80b''$.
77) $36a + 25b + 7c$. 78) $-8x + 37y + 31z$.
79) $26a - 31b$. 80) $-16r - 43v + 3w$.
81) $-15p + 11q - 58r$. 82) $-61a + 32b$. 83) $633p + 609q$.
84) $ac + bc - dc$. 85) $5pq + 3pr + 19rq$. 86) $44bc$.
87) 0. 88) $12ab - 4a - 5b$. 89) $2mp - 2mr - qr$.
90) $53ab + 7ac - 13ad$. 91) $2abc - 3acd$.
92) $-8abd - 10abe - 15bcd + 21bce$.

149) 0. 150) $-4ac + 118ad + 30bd$.
151) $21ac + 4ad + 2bc + 2bd$. 152) $7pr - 54ps - 2qr - 21qs$.
171) $15a^2c^3 + 2abc^3$. 172) a^2c^2.
174) $2a^5b^2 + 4a^4b^3 + 2a^3b^5 - 4a^2b^5 - 2a^2b^6$.
175) $45p^4q + 168p^3q^2 - 12p^2q^3 + 27pq^4$.
204) $12a^4 - 55a^3b + 36a^2b^2 - 18ab^3 + 5b^4$.
205) $16a^8 - 64a^6$. 206) $-20a^2d^2 + 50b^2d^2$. 207) $9x^6 - 4x^4$.
208) $12p^2r^2 + 3p^2s^2 + 27q^2r + 9q^2s - 4qr^2 - qs^2 - 15r^4 - 5r^3s + 3rs^2 + s^3$.
209) $24c^4d^2 + 2c^3d^3 + 23c^2d^4 - 13cd^5 - 4d^6$.
210) $8a^{10} + 17a^9 + 13a^8 + 4a^6 + 4a^5 - a^4 - 8a^3 - 3a^2$.
225) $a^3 + 3a^2b + 3ab^2 + b^3$. 226) $a^3 - 3a^2b + 3ab^2 - b^3$.
227) $a^2 + b^2 + c^2 + 2ab + 2ac + 2bc$.
228) $a^2 + b^2 + c^2 + 2ab - 2ac - 2bc$.
229) $a^2 + 2ab + b^2 - c^2$. 230) $a^2 - b^2 - 2bc - c^2$.
231) $a^2 - 4b^2 + 12bc - 9c^2$. 232) $16x^2 - 4y^2 - 12yz - 9z^2$.
233) $p^3 - q^3$. 234) $p^3 + q^3$. 235) $p^4 - q^4$. 236) $p^4 - q^4$.
237) $x^4 - 1$. 238) $x^4 - 1$. 239) $x^5 - 1$. 240) $x^5 + 1$.
241) $4ab$. 242) $4x^2 + 28xy + 5y^2$.
243) $5xyz - x^2y - x^2z + xy^2 + y^2z + xz^2 + yz^2$.
244) a) $3x^2 + 33xy - 19xz + 56y^2 - 107yz + 30z^2$;
b) $x^4 + x^2y^2 - 3x^2z^2 - y^4 + y^2z^2 + z^4$;
c) $4x^3y + 4x^3z - 6x^2y^2 + 12x^2yz - x^2z^2 - 2xy^3 - 4xy^2z + 21xyz^2 + 16xz^3 + y^4 - 9y^2z^2 - 5z^4$.
245) a) $x^2 - 6xz + 12y^2 + 4yz + 9z^2$;
b) $2x^4 - 2x^2y^2 - 2x^2z^2 + y^4 + z^4$;
c) $x^4 - 2x^3y + 4x^3z - 20x^2yz + 10x^2z^2 + 5xy^3 + 4xy^2z - 10xyz^2 + 24xz^3 - y^4 - 6y^2z^2 + 25z^4$.
246) a) $16xy + 20y^2 - 52yz$;
b) $2x^2y^2 - 2x^2z^2 - 2y^4 + 2y^2z^2$;
c) $4x^3z - x^2y^2 + 12x^2yz - 16x^2z^2 + 4xy^2z - 3xy^3 + 16xz^3 - 4y^2z^2$.
247) a) $10x^2 + 38xy - 66xz + 57y^2 - 124yz + 109z^2$;
b) $2x^4 - 2x^2y^2 - 2x^2z^2 + 2y^4 - 2y^2z^2 + 2z^4$;
c) $x^4 - 2x^3y + 17x^2y^2 + 26x^2z^2 - 8xy^3 - 8xy^2z - 18xyz^2 + 2y^4 + 2y^2z^2 + 26z^4$.
248) a) $-10x^2 - 34xy + 66xz - 25y^2 + 112yz - 109z^2$;
b) $-x^2y^2 + x^2z^2 - y^4 + 3y^2z^2 - 2z^4$;

c) $-x^4 + 2x^3y + 4x^3z - 18x^2y^2 - 4x^2yz - 10x^2z^2 + 9xy^3 + 18xyz^2 + 20xz^3 - y^4 - 7y^2z^2 - 26z^4$.

249) a) $-3x^2 + 35xy + 19xz + 104y^2 - 113yz - 30z^2$;
b) $4x^4 - 2x^2y^2 - 6x^2z^2 - 3y^4 + 8y^2z^2 - z^4$;
c) $-4x^3y + 16x^3z + x^2y^2 + 32x^2yz + x^2z^2 - 9xy^3 - 12xy^2z - 21xyz^2 + 68xz^3 + 3y^4 - 12y^2z^2 + 5z^4$.

253) 12. 254) 2. 255) 0. 256) 1. 257) −32.
258) 0. 259) 0. 260) 1. 261) 28. 262) 200.
263) a) −65, b) −65, c) 5356, d) −224.
264) a) 31, b) −59, c) 2256, d) −96.
265) a) −84, b) 108, c) 24 544, d) 440.
266) a) 96, b) 76, c) −6488, d) 4.
287) $x = 15m + n$. 288) $x = -8a - 11b + 16c + 4d$.
289) $x = -4ab - ac + 2ad + bd$. 290) $x = -32$.

§ 9.

Begriff der Division.

58) 1. 59) 400 *). 60) 6. 61) −1. 62) 1. 63) −6.
101) $x = 1$. 102) $x = 2$. 103) $x = 6$.
104) Die Zahl 25. 106) 9. 107) 17.

§ 10.

Gesetze der zweiten Stufe.

28) 25. 29) 32. 30) −25. 31) 2500. 32) 576.
33) 9. 34) 4. 35) 252. 36) 1. 37) 27.
38) 61 880. 39) 70. 40) 60. 41) 6. 42) 8.
43) 61 880. 44) 310. 45) 236 196.
68) $9a^3b^2 : 7$. 69) $11y : 3$. 70) $(a + d) : (e + f)$.
71) $(3a - 5) : (1 + 14a)$. 72) $(m^3 - 2p^3) : (q^3 - 2p^3)$.
73) $a^5bcd : (a - 2b)$.
77) $5ab - 7ac + 15bc$. 78) $-b - 13c + 14d$.
80) $7a + 18c - d$.
83) $-y$. 84) $3a - 3b - 5c$. 85) $2x + 6y$. 86) $a + b$.
95) $a + 5$. 96) $a - 5$. 97) $a + b$. 98) $a - b$.
99) $7a + 11b$. 100) $x + y + z$. 101) $3a + 4b + 5c$.
102) $a + b + c$. 103) $x^2 + xy + y^2$. 104) $x^2 - xy + y^2$.

---

*) In der Au gabe muß nach der ersten 4 das Divisionszeichen fehlen.

105) $x^2 - 2xy + 4y^2$. 106) $9x^2 + 6xy + 4y^2$.
107) $x^3 + x^2 + x + 1$. 108) $x^3 - x^2 + x - 1$.
109) $12m - 3n - 2$. 110) $5x^2 + x + 4$.
111) $2a^2 - 9a + 8$. 112) $1 - 9a^3 - 7a^5$.
113) $y^3 + 6y^4 + 9y^5$. 114) $4x^3 + 3x^2 + 2x + 1$.
115) $5a + 7$. 116) $1 - 5a^2$.
117) $-4a^3b^2 + 7a^4b + 5a^5$. 118) $2x^5 - 3x^4y + 4x^3y^2$.
119) $3b^4 - ab^3 + 2a^2b^2$. 120) $-a^3 + 6a^2b - 12ab^2 + 8b^3$.

§ 11.

Zweite Erweiterung des Zahlengebiets.

28) $\frac{5}{16}$. 29) $\frac{161}{1287}$. 30) $\frac{1}{7}$. 31) $2\frac{194}{693}$. 32) $\frac{337}{1000}$.
33) $\frac{17}{72}$. 34) $1\frac{201}{280}$. 35) $\frac{307}{840}$. 36) $\frac{8066}{45045}$. 37) $2\frac{3}{16}$.
38) $2\frac{194}{225}$. 39) $\frac{1}{2}$. 40) $2\frac{1}{8}$. 41) $8\frac{5}{24}$. 42) $\frac{3323}{7560}$.
54) $\frac{16}{27}$. 55) $\frac{7}{60}$. 56) $\frac{7}{120}$. 57) $6\frac{89}{108}$. 58) $3\frac{3}{8}$.
67) $\frac{135}{256}$. 68) $3\frac{3}{4}$. 69) $\frac{8}{9}$. 70) 2. 71) $1\frac{1}{5}$.
72) $1\frac{3}{4}$. 73) $8\frac{4}{27}$. 74) $\frac{497}{720}$. 75) $80\frac{1}{8}$.
83) 0. 84) $-1\frac{4}{15}$. 85) $\frac{4}{5}$. 86) $-5\frac{1}{3}$. 87) -2.
88) 3. 89) 0 *). 90) $-\frac{17}{36}$. 91) $1\frac{409}{495}$.
92) $\frac{23}{36}a + \frac{1}{2}b$. 93) $\frac{1}{10}a - \frac{23}{24}b$.
94) $\frac{2}{3}x + \frac{5}{8}y - \frac{27}{70}z$. 95) $3ab - \frac{13}{44}ac - 4\frac{1}{5}bc - 2$.
96) $4\frac{4}{5}a - \frac{1}{5}b - \frac{2}{5}c$. 97) $3\frac{3}{5}a - \frac{3}{20}b + 6$.
98) $1\frac{1}{2} - 11x$. 99) $a^2 - 6\frac{31}{60}ab - b^2$.
100) $84a^2 - 3ab + \frac{1}{42}b^2$. 101) $3a^2 - \frac{1}{3}b^2 - \frac{1}{6}b - \frac{1}{48}$.
103) $2\frac{2}{3}x^2 - 3\frac{1}{3}xy + 5\frac{1}{2}x + \frac{3}{8}y^2 - 2\frac{3}{16}y + 2\frac{1}{4}$.
107) $2x + y$. 108) $\frac{7}{18}$.
118) $\frac{9(a-2b)}{a-b}$. 119) $\frac{2x+y-1}{2x-y}$. 120) $\frac{4(a+b-1)}{a+b+1}$.
134) $\frac{5a-6b+c}{3}$. 135) $\frac{-2a+11b}{15}$. 136) $\frac{3a-b}{4}$.
137) $\frac{2a+3b-3c}{6}$. 138) $\frac{43p+5q+8r}{15}$.
139) $\frac{167m-203p}{84}$. 140) $\frac{41a+20b-3c}{16}$.
143) $\frac{2ab}{a-b}$. 144) 0. 145) $\frac{4p^8r - 8p^7qr + q^7r^2 - 3p^5q^4}{p^3q^3r^3}$.

*) Druckfehler in der Aufgabe; s. Druckfehlerverzeichnis.

146) $\frac{4ac + 3b}{bc}$. 147) $\frac{3x^2 - 13x + 5}{x^2 - 1}$.

148) $\frac{4a^3 + a^2b - 9ab^2 + 2b^3}{2a^2 - 5ab + 3b^2}$. 149) $\frac{6a^2 - 4b^2 + 3c^2}{12abc}$.

150) $\frac{15b}{32p}$. 151) $\frac{187x + 86y}{120}$. 152) $\frac{10x + 13}{18p}$.

153) $\frac{115}{24(a-1)}$. 179) $\frac{27c}{16a}$.

183) $1\frac{2}{3}p - \frac{6ar}{35q} + \frac{4pr}{5a} - \frac{35ap}{3r} + \frac{a^2}{2q} - \frac{7p}{3}$. 188) $1\frac{1}{21}a$.

189) $\frac{2}{5}ab - \frac{1}{4}c^2$. 190) $2\frac{2}{5}ab - 1\frac{1}{2}c^2$. 191) $6a - 3b$.

192) $\frac{1}{2}p - 1\frac{1}{2}$. 193) $2p - 1$. 194) $\frac{1}{4}a^2 + \frac{1}{2}ab + b^2$.

195) $\frac{3}{4} - \frac{1}{2}y + \frac{3}{8}z$. 196) $56a^2 - 48ab + 40b^2$.

197) $4a - 6b + 6\frac{2}{3}c$. 198) $3\frac{3}{8}x^3 + \frac{3}{4}x^2y + \frac{1}{6}xy^2 + \frac{1}{27}y^3$.

199) $\frac{25}{72}a^2 - \frac{5}{24}ab + \frac{1}{8}b^2$.

Bei den Aufgaben **204)** bis **211)** ergeben sich folgende **Reste:**

204) $5x - 18$. 205) $54x - 231$. 206) $4\frac{1}{4}x + 7\frac{1}{2}$.

207) $131\frac{23}{27}$. 208) $3\frac{1}{2}x^2 - 7x - 11\frac{1}{6}$. 209) $-53\frac{1}{6}x + 23\frac{1}{3}$.

210) $11xy^3 + 7y^4$. 211) $-1\frac{35}{72}xy^4 - 6\frac{29}{72}y^4$.

---

225) $\frac{13041}{32000}$ *m.* 226) $\frac{3691}{4000}$ *kg.* 227) $1\frac{109}{360}$ *cm.* 228) $\frac{1}{16}$ *m.*

235) 675 *M.* 236) 21 840 *M.* 237) $112\frac{1}{2}$ Stück.

266) $40\frac{37}{54}$. 267) $-\frac{13}{20}$. 268) $101\frac{1}{9}$.

269) $21\frac{15}{28}$. 270) $17\frac{3}{56}$. 271) $-4\frac{11}{16}$.

272) $4\frac{1}{6}a - 2\frac{5}{42}b$. 273) $\frac{14}{15}a + 1\frac{67}{84}b$.

276) $100\frac{15}{32}$. 277) $-1\frac{1}{5}$. 278) $87\frac{145}{288}$.

279) $4\frac{5}{12}$. 280) $16\frac{5}{16}$. 281) $6\frac{29}{36}$.

286) $a(2\frac{1}{3}b - 3\frac{1}{8}c)$. 287) $2\frac{1}{28}b + 1\frac{1}{14}c$. 288) $\frac{21}{8a}$.

289) $\frac{5}{8}a^2 + \frac{5}{6}b^2 - 4\frac{115}{144}ab$. 290) $-\frac{1}{6}\frac{ab}{c}$. 291) $x - \frac{15}{16}y$.

292) $5p^2 + 15\frac{5}{8}q^2 + 21r^2 - 22\frac{1}{12}pq + 38\frac{1}{12}pr - 40\frac{5}{16}qr$.

314) $x = \frac{1}{6}$. 315) $x = 17\frac{3}{4}$. 316) $x = 6\frac{2}{3}$. 317) $x = 7$.

318) $x = 7\frac{1}{2}$. 319) $x = \frac{3}{1}$. 320) $x = 3\frac{9}{10}$. 321) $x = \frac{1}{2}$.

Vierter Abschnitt.

§ 12.

Wichtige Verwandlungsformeln.

33) $40\,a\,b$. 34) $54\,x^2 y + 2\,y^3$. 35) $4\,a^6 - 12\,a^2 b^4 + 8\,b^6$.

150) $\frac{b}{a^2 - b^2}$. 151) $\frac{3\,x}{x^2 - y^2}$. 152) $\frac{q^2 + 9\,p^2}{q^2 - 9\,p^2}$.

153) $\frac{22\,x^2 - 67\,x - 180}{45\,x^3 - 45\,x}$. 154) $\frac{15\,a^2 + a + 1}{4\,a^2 - 1}$. 155) $\frac{3\,a\,b}{a^3 + b^3}$.

156) $\frac{x^3 + 25\,x - 125}{125\,x - 5\,x^3}$. 157) $\frac{9\,a^2 b + 2\,a\,b^2 + 3\,b^3}{a^3 + b^3}$. 158) $\frac{1}{x^2 - 1}$.

159) $\frac{2\,y^2}{x^3 - y^3}$. 160) $\frac{x}{x^4 + x^3 - x - 1}$. 161) $\frac{x\,y^2 - x^2 y - y^3}{x^4 - y^4}$.

162) $\frac{1}{a^4 - 1}$. 163) $\frac{4\,a^2}{a^4 - 2\,a^2 b^2 + b^4}$. 164) $\frac{-18\,y^2}{8\,x^3 + 12\,x^2 y - 18\,x\,y^2 - 27\,y^3}$.

165) $\frac{9\,x^2 + 3\,x\,y + 10\,y^2}{18\,x^2 y - 2\,y^3}$.

§ 13.

Die Hauptform der Ausdrücke.

1) $-a\,b + 12\,a\,c - b^2 - 5\,b\,c + 3\,c^2$. 2) $-5\,a + 9\,b - 3\,c + 4$.

3) $3\,a + 18$. 4) $a^8 - 2\,a^4 b^4 + b^8$.

5) $-a^4 + 4\,a^3 b - 2\,a^2 b^2 + 4\,a\,b^3 - b^4$. 6) $4\,a^2 + 4\,b^2 + 4\,c^2$.

7) $2\,a^2 b^2 + 2\,a^2 c^2 + 2\,b^2 c^2 - a^4 - b^4 - c^4$.

8) $x^3 - 6\,x^2 + 11\,x - 6$. 9) $x^4 - 10\,x^3 + 35\,x^2 - 50\,x + 24$.

10) $2\,a^3 + 2\,b^3 + 6\,a^2 b + 6\,a\,b^2 + 6\,a\,c^2 + 6\,b\,c^2$. 11) 0.

12) $19\,x^2 + 11\,y^2 - 4 + 29\,x\,y + 5\,x + 2\,y$.

33) $\frac{4\,a\,b}{4\,c\,d\,f + 4\,e\,f + c\,d\,g + e\,g}$. 34) $\frac{6\,x^2 + x - 77}{5\,x^2 - 4\,x - 9}$.

35) $\frac{12\,a\,x^2 + 4\,b\,x\,y - 9\,a\,x\,y - 3\,b\,y^2}{20\,a\,x^2 + 5\,a\,x\,y - 4\,b\,x\,y - b\,y^2}$. 36) $\frac{2\,a\,b - 4\,b^2 - 3\,a^2}{a\,b}$.

37) $\frac{30\,a\,x - 3\,x^2 - 2\,a^2}{6\,a\,x}$. 38) $\frac{-50\,a^2 - 137\,a + 2346}{40\,a - 220}$.

39) $\frac{19\,a - 28\,b + 10\,c}{42\,a + 42\,b}$. 40) $\frac{9\,a^2 - 3\,a\,b - 2\,b^2}{36}$.

41) $\frac{336\,a^2 - 3480\,a\,b - 784\,a\,c + 4725\,b^2 + 1260\,b\,c}{336}$. 42) $-\frac{527}{490}$.

43) $\frac{12a^3 - 3a^2b - 12ab^2 + 3b^3}{2ab}$. 44) $\frac{3a^2c + 20b^3 - 4ab^2}{4ab^2c + 8abc^2}$.

45) $\frac{-x^3 + 2ax^2 - 2a^2x}{a^3 - a^2x}$. 46) $\frac{a^3 - 2a^2b}{2a^2b - 8b^3}$. 47) $\frac{4a + 18}{12a^2 - 27}$.

48) $\frac{2a - 3}{4a^2 + 12a + 9}$. 49) $\frac{ab}{12z}$. 50) $\frac{6a^2b^2 + 2b^4}{a^6 - a^4b^2 - a^2b^4 + b^6}$.

51) $a - 11b$. 52) $\frac{b}{a}$. 53) $\frac{a^4 + 3a^3b + 3a^2b^2 + ab^3 - 4ac^3 - 4bc^3}{11a^3b + 11a^2b^2 + 7ac^3}$.

54) $a + b$.

55) a) $-3x + 4$, b) $\frac{3 + 4x}{x}$, c) $\frac{7 + 4x}{1 + x}$, d) $\frac{3x^2 + 4x + 3}{x}$.

56) a) $\frac{5 - x}{4}$ b) $\frac{5x + 1}{4x}$, c) $\frac{6 + 5x}{4 + 4x}$, d) $\frac{x^2 + 5x + 1}{4x}$.

57) a) $\frac{7x + 1}{x}$, b) $7 - x$, c) $6 - x$, d) $\frac{7x^2 - x + 7}{x^2 + 1}$.

58) a) $\frac{4x + 3}{7x + 1}$, b) $\frac{4 - 3x}{7 - x}$, c) $\frac{1 - 3x}{6 - x}$, d) $\frac{4x^2 - 3x + 4}{7x^2 - x + 7}$.

59) a) $\frac{x^2 - 3}{6}$, b) $\frac{1 - 3x^2}{6x^2}$, c) $\frac{-2 - 6x - 3x^2}{6 + 12x + 6x^2}$, d) $\frac{x^4 - x^2 + 1}{6x^2}$.

60) a) $\frac{3x^2 + x + 5}{11}$, b) $\frac{5x^2 - x + 3}{11x^2}$, c) $\frac{5x^2 + 9x + 7}{11 + 22x + 11x^2}$,

d) $\frac{3x^4 - x^3 + 11x^2 - x + 3}{11x^2}$.

61) a) $\frac{x^2 - x}{3 + x^2}$, b) $\frac{x + 1}{3x^2 + 1}$, c) $\frac{x + 2}{3x^2 + 6x + 4}$, d) $\frac{x^4 + x^3 + 2x^2 + x + 1}{x^4 + 5x^2 + 1}$.

62) a) $\frac{8x^2 + 2x + 14}{x^2 + 4x + 2}$, b) $\frac{8 - 2x + 14x^2}{1 - 4x + 2x^2}$, c) $\frac{20 + 26x + 14x^2}{-1 + 2x^2}$,

d) $\frac{8x^4 - 2x^3 + 30x^2 - 2x + 8}{x^4 - 4x^3 + 4x^2 - 4x + 1}$.

63) a) $\frac{x - y}{4x + y}$, b) $\frac{xy + 1}{4 - xy}$, c) $\frac{1 + y + xy}{4 - y - xy}$, d) $\frac{x^2 + xy + 1}{4x^2 - xy + 4}$.

64) a) $yz - xy - xz$, b) $\frac{y + z + xyz}{x}$, c) $\frac{y + z + yz + xyz}{1 + x}$,

d) $\frac{x^2y + x^2z + xyz + y + z}{x}$.

65) a) $\frac{xy + 2xz}{2x - 2y}$, b) $\frac{y + 2z}{2 + 2xy}$, c) $\frac{y + 2z}{2 + 2y + 2xy}$,

d) $\frac{x^2y + 2x^2z + y + 2z}{2x^2 + 2xy + 2}$.

§ 14.

Proportionen.

37) $x = \frac{cd}{20b}$. 38) $x = \frac{d}{4c}$. 39) $x = a - b$. 40) $x = \frac{a+b}{2(a-b)}$.

41) $x = a + b$. 42) $x = 2\frac{3}{8}$. 43) $x = 10\frac{1}{9}$. 44) $x = 1$.

45) $x = \frac{1}{2}$. 46) $x = 1\frac{5}{8}$. 47) $x = ab$.

102) 128 *kg*, 192 *kg*, 256 *kg*, 448 *kg*.

103) $751\frac{419}{1331}$ *kg* Salpeter, $114\frac{1266}{1331}$ *kg* Schwefel, $133\frac{977}{1331}$ *kg* Kohle.

104) A hatte 200 ℳ, B 240 ℳ, C 360 ℳ zu fordern.

108) a) 1911 ℳ Zinsen, b) 12 000 ℳ Kapital, c) $7\frac{1}{3}$ Jahre, d) $3\frac{2}{5}$ %.

111) a) 3,55 *m/sec*, b) 12,12 *m/sec*.

112) a) 287 *km*, b) 45 *km*.

113) a) 4 Stunden und 40 Minuten, b) 8 Minuten und $16\frac{2}{3}$ Sekunden.

115) 162 Kalorien.

§ 15.

Gleichungen ersten Grades mit einer Unbekannten in arithmetischer Sprache.

1) $x = 9$. 2) $x = 3$. 3) $x = -9$. 4) $x = 1$.

5) $x = 2$. 6) $x = -18$. 7) $x = 16$. 8) $x = 1$.

9) $x = -198$. 10) $x = 1$. 11) $x = 3$. 12) $x = 1$.

13) $x = 1$. 14) $x = 10$. 15) $x = 5$. 16) $x = 30\,000$.

17) $x = 10$. 18) $x = 1$. 19) $x = 2$. 20) $x = 10$.

21) $x = 3$. 22) $x = 100$. 23) $x = 8$. 24) $x = 211$.

25) $x = 8$. 26) $x = 4$. 27) $x = 3$. 28) $x = 10$.

29) $x = 3$. 30) $x = 87$. 31) $x = 7$. 32) $x = 4$.

33) $x = 10$. 34) $x = 15$. 35) $x = 3\frac{2}{5}$. 36) $x = \frac{3}{10}$.

37) $x = 4$. 38) $x = -2$. 39) $x = -2$. 40) $x = 3$.

41) $x = 36$. 42) $x = 14\frac{8}{11}$. 43) $x = -1$. 44) $x = 1$.

45) $x = \frac{3}{4}$. 46) $x = 2$. 47) $x = 1$. 48) $x = -7\frac{1}{3}$.

49) $x = \frac{1}{73}$. 50) $x = -1\frac{7}{20}$. 51) $x = -3\frac{1}{5}$. 52) $x = 4$.

53) $x = \frac{1}{4}$. 54) $x = 2\frac{47}{54}$. 55) $x = \frac{7}{240}$. 56) $x = \frac{27}{163}$.

57) $x = \frac{128}{287}$. 58) $x = 3\frac{57}{638}$. 59) $x = 193\frac{1}{2}$. 60) $x = 24\frac{3}{10}$.

61) $x = \frac{1}{2371}$. 62) $x = 13$. 63) $x = 11$. 64) $x = 5$.

65) $x = 7$. 66) $x = 9$. 67) $x = 6\frac{13}{22}$. 68) $x = 7$.

69) $x = 8$. 70) $x = 11$. 71) $x = 4$. 72) $x = -7\frac{4}{19}$.

73) $x = 162\frac{27}{59}$. 74) $x = 1\frac{76}{109}$. 75) $x = 5\frac{33}{41}$. 76) $x = -2\frac{6}{7}$.

77) $x = -1\frac{1}{14}$. 78) $x = 26\frac{8}{9}$. 79) $x = 1$. 80) $x = -7$.

81) $x = 11\frac{47}{69}$. 82) $x = 7$. 83) $x = 3$. 84) $x = 12$.
85) $x = 5$. 86) $x = 2$. 87) $x = 19\frac{3}{5}$. 88) $x = 2$.
89) $x = -2\frac{17}{28}$. 90) $x = 53$. 91) $x = -\frac{49}{187}$. 92) $x = \frac{9}{16}$.
93) $x = 1\frac{1}{3}$. 94) $x = 2\frac{1}{2}$. 95) $x = -\frac{2}{5}$. 96) $x = 73$.
97) $x = 20$. 98) $x = 5\frac{3}{5}$. 99) $x = 1$. 100) $x = \frac{1}{4}$.
101) $x = \frac{5}{28}$. 102) $x = -1$. 103) $x = 2\frac{1}{3}$. 104) $x = 2\frac{3}{4}$.
105) $x = 7\frac{1}{2}$. 106) $x = 1\frac{1}{5}$ 107) $x = 3\frac{1}{2}$. 108) $x = 9\frac{2}{3}$.
109) $x = 2$. 110) $x = \frac{5}{6}$. 111) $x = \frac{3}{113}$. 112) $x = -1\frac{1}{3}$.
113) $x = -\frac{1}{20}$. 114) $x = 12$. 115) $x = 11$. 116) $x = 3$.
117) $x = 8$. 118) $x = 7$. 119) $x = 5$. 120) $x = 9$.
121) $x = 3$. 122) $x = 7$. 123) $x = \frac{7}{13}$. 124) $x = 5\frac{1}{2}$.
125) $x = \frac{2}{3}$. 126) $x = \frac{3}{4}$. 127) $x = 2\frac{1}{5}$. 128) $x = 2$.
129) $x = 1$. 130) $x = 3$. 131) $x = \frac{1}{2}$. 132) $x = -\frac{8}{49}$.
133) $x = \frac{2}{15}$. 134) $x = -3\frac{14}{17}$. 135) $x = -2\frac{3}{4}$. 136) $x = \frac{11}{20}$.
137) $x = \frac{31}{1024}$. 138) $x = \frac{1}{15}$. 139) $x = -2\frac{5}{6}$. 140) $x = -\frac{1}{2}$.
141) $x = \frac{15}{19}$. 142) $x = -\frac{27}{178}$. 143) $x = \frac{1}{2}$. 144) $x = -\frac{9}{13}$.
145) $x = \frac{7}{10}$. 146) $x = -\frac{1}{3}$. 147) $x = 15\frac{1}{2}$. 148) $x = -2\frac{1}{3}$.
149) $x = 5$. 150) $x = 3$. 151) $x = 6$. 152) $x = 18$.
153) $x = 3$. 154) $x = 6$. 155) $x = 6$. 156) $x = 30$.
157) $x = 2$. 158) $x = 10$. 159) $x = 1$. 160) $x = 1$.
161) $x = \frac{2}{3}$. 162) $x = 10$. 163) $x = 1$. 164) $x = 1$.
165) $x = 30$. 166) $x = -3{,}1275$. 167) $x = 3{,}3$. 168) $x = 6{,}1$.
169) $x = 2{,}7$. 170) $x = 3{,}7$. 171) $x = 5{,}9$. 172) $x = -20{,}3$.
173) $x = 2$. 174) $x = 0{,}342$. 175) $x = 0{,}069$. 176) $x = 2{,}904$.
177) $x = 7$. 178) $x = 9$. 179) $x = 13$. 180) $x = 2$.
181) $x = 25$. 182) $x = -5\frac{4}{15}$. 183) $x = 36\frac{1}{2}$. 184) $x = 3$.
185) $x = 5$. 186) $x = 7$. 187) $x = 3$. 188) $x = -1$.
189) $x = 5$. 190) $x = 8$. 191) $x = 10$. 192) $x = 4\frac{1}{4}$.
193) $x = -5$.

210) $x = \frac{7b - 9a}{7a - 5}$. 211) $x = \frac{10b - 57a}{33}$. 212) $x = \frac{a + b}{a - b}$.

213) $x = \frac{5(a - 3b)}{9b}$. 214) $x = \frac{11b - 32a}{5a - 13b}$. 215) $x = 1\frac{3}{5} - a$.

216) $x = \frac{66(a + p)}{3a - 2p}$. 217) $x = \frac{5b}{13a}$. 218) $x = \frac{bc - ad}{a - b - c + d}$.

219) $x = \frac{3p - 2q}{6(p - q)}$. 220) $x = 32a - 1\frac{4}{7}$. 221) $x = a + 1\frac{1}{3}$.

222) $x = p + q$. 223) $x = a - 3b$. 224) $x = 1$.

225) $x = 8b$. 226) $x = b$. 227) $x = 1$.

228) $x = a + b$. 229) $x = c$. 230) $x = 11$.

231) $x = \frac{ch(a^2 + cg)}{g(g^2 + ck - ach)}$. 232) $\frac{70ab - 3ac}{64c}$.

233) $x = \frac{36a + 31b}{6 - 16a}$. 234) $x = \frac{a+1}{a}$. 235) $x = p^4(p - 1)$.

Die **nicht unmittelbar erkennbaren** Wurzeln der Gleichungen **267)** bis **284)** heißen:

267) $x = \frac{3}{113}$. 268) $x = -\frac{1}{2}$. 269) $x = -9\frac{2}{3}$. 270) $x = 3\frac{1}{5}$.

271) $x = -\frac{4a}{b}$. 273) $x = 4$. 274) $x = 3$. 275) $x = 2$.

276) $x = 1$. 277) $x = 1\frac{3}{5}$. 278) $x = -6$. 279) $x = 1$.

280) $x = a + b - 1$. 281) $x = -1\frac{4}{9}$. 282) $x = \frac{a+b+1}{12}$.

283) $x = -\frac{1}{2}$. 284) $x = \frac{2a}{7}$.

285) a) $a = \frac{3b}{11}$, $b = \frac{11a}{3}$. 286) a) $p = \frac{3}{2}q$, b) $q = \frac{2}{3}p$.

287) a) $p = 4 + \frac{1}{2}q - \frac{1}{6}a$, b) $q = 2p - 8 + \frac{1}{3}a$.

288) a) $p = \frac{8q+1}{8q-1}$, b) $q = \frac{p+1}{8(p-1)}$.

289) a) $p = \frac{7ab - q - 4bq}{3a+1}$, b) $q = \frac{7ab - p - 3ap}{4b+1}$,

290) a) $p = a - 1 - 3q$, b) $q = \frac{a - 1 - p}{3}$.

291) a) $p = \frac{a^2+1}{b^2-1} \cdot q$, b) $q = \frac{b^2-1}{a^2+1} \cdot p$.

292) $y = \frac{7x - 5}{4 + x}$. 293) $y = \frac{x}{x-4}$. 294) $y = 0{,}25x - 0{,}5$.

295) a) $a = \frac{b}{b-1}$, b) $b = \frac{a}{a-1}$. 296) a) $a = \frac{b(7+c)}{3b - 7 + c}$,

b) $b = \frac{a(7-c)}{3a - 7 - c}$, c) $c = \frac{7(a+b) - 3ab}{a - b}$.

297) a) $x = -\frac{1}{yz + y + 1}$, b) $y = -\frac{1+x}{x(z+1)}$, c) $z = -\frac{1 + x + xy}{xy}$.

298) a) $x = \frac{15z - 3y}{29}$, b) $y = \frac{15z - 29x}{3}$, c) $z = \frac{29x + 3y}{15}$.

299) a) $a = \frac{1-(bc+b+c)}{1+(bc+b+c)}$, b) $b = \frac{1-(ac+a+c)}{1+(ac+a+c)}$, c) $c = \frac{1-(ab+a+b)}{1+(ab+a+b)}$.

300) $x > 4$. 301) $x < 3$. 302) $x < 7$. 303) $x > -\frac{5}{7}$.
304) $x > -3$. 305) $x > -\frac{19}{21}$. 306) $x > a - b$. 307) $x > a$.
308) $x < 1$. 309) $x \lesseqgtr 16$. 310) $x \gtreqless \frac{5}{4}$.

§ 16.

Eingekleidete Gleichungen ersten Grades mit einer Unbekannten.

1) 21. 2) 14. 3) $\frac{bc-d}{c-1}$. 4) 6. 5) 9.
6) 3. 7) 3. 8) 4. 9) 4. 10) 84.
11) $\frac{a^2}{1-a}$. 12) $ab(a+1)$. 13) 60. 14) 9. 15) 27.
16) 3. 17) 9. 18) 126. 19) 63. 20) 42.
21) 54. 22) 74. 23) 48. 24) 73. 25) 642.
26) 432. 27) 333 333. 28) 428 571. 29) 82 926.
31) um 2. 32) um 9. 33) a) $\frac{aq-bp}{p-q}$, b) $\frac{aq-bp}{q-p}$, c) $\frac{bp-aq}{p+q}$.
34) $\frac{5}{9}$. 35) $\frac{11}{17}$. 36) $\frac{3}{7}$. 37) $\frac{17}{21}$. 38) $\frac{4}{12}$.
39) $\frac{3}{15}$. 40) 14 Fehler. 41) 20 *kg*.
42) a) nach 1 Jahre, b) vor 13 Jahren.
43) 10 000 Mann. 44) 12 *m*. 45) 20 ℳ. 46) 6 ℳ.
47) Die Fässer kosten bzw. 825 ℳ, 675 ℳ, 600 ℳ.
48) A besitzt 11 ₰, B 1 ℳ 10 ₰, C 11 ℳ, D 110 ℳ.
50) Vor Ostern 20, nach Ostern 25 auswärtige Schüler, überhaupt 300 Schüler.
51) Titus hatte 3, Gajus 7 erwachsene Söhne.
52) a) 1 Stunde, b) $\frac{abcd}{bcd+acd+abd+abc}$ Stunden.
53) $1\frac{1}{2}$ Drachmen. 54) 80 ₰. 55) 64 ℳ. 56) 9600 *m*.
58) 9 Jahre nach Anlegung des ersten Kapitals.
59) 12 Jahre. 60) 5200 ℳ und 4500 ℳ. 61) 11 000 ℳ.
62) In 25 Jahren. 63) Zu 5%. 64) 10000 ℳ und 9000 ℳ.
65) A hatte 12000 ℳ, B 10000 ℳ. 66) Nach 3 Jahren.
67) 227 + 148. 68) 120 + 168.
69) 255 + 132 + 186. 70) 52 + 91 + 143.
71) In Prima sind 30 Schüler, in Sekunda 50 Schüler, in Tertia 75 Schüler, in den unteren Klassen 115 Schüler.
72) 120 ℳ, 145 ℳ, 170 ℳ, 195 ℳ. 73) 30°, 60°, 90°.
74) $888\frac{8}{9}$ *g* Sauerstoff. 75) 210 ℳ, 245 ℳ, 280 ℳ, 315 ℳ.
76) 2400 ℳ, 1800 ℳ, 600 ℳ. 77) 192 = 81 + 59 + 52.
78) a) 10000 ℳ, b) 5000 ℳ, 3000 ℳ, 2000 ℳ.

79) a) 200 ℳ, b) 50 ℳ, 40 ℳ, 45 ℳ, 65 ℳ.
80) 3 Liter Wasser. 81) Mit 30 *kg*. 82) 90 *l*.
83) a) 2,55 ℳ. 84) Von jeder Sorte 6 *kg*.
85) $1\frac{7}{8}$ *kg* vom Feingehalt $\frac{720}{1000}$ und $2\frac{5}{8}$ *kg* vom Feingehalt $\frac{600}{1000}$.
86) 50 *kg*. 87) Nach 80 Min. 88) Um $12\frac{1}{2}$ Uhr. 89) 12 Tage.
90) 20 Min. 91) a) Nach 67 Min. b) Nach 87 Min.
92) Nach 5 Stunden. 93) Nach 3 Stunden.
94) a) Um 1 Uhr $5\frac{5}{11}$ Minuten, 2 Uhr $10\frac{10}{11}$ Min. usw.; im ganzen 11 mal;
b) Um 12 Uhr $32\frac{8}{11}$ Minuten und darauf immer nach je 1 Stunde $5\frac{5}{11}$ Minuten; im ganzen 11 mal;
c) Um 12 Uhr $21\frac{9}{11}$ Minuten, 12 Uhr $43\frac{7}{11}$ Minuten, 1 Uhr $27\frac{3}{11}$ Minuten, 1 Uhr $49\frac{1}{11}$ Minuten und darauf immer nach $21\frac{9}{11}$ Minuten, ausgenommen die Zeitpunkte, in denen die Zeiger sich decken; im ganzen 22 mal.
95) Um 11 Uhr 4 Minuten $5\frac{5}{11}$ Sekunden in einer Entfernung von $24\frac{9}{11}$ *km* von Bonn.
96) 30 *km*. 97) 80 *km*. 98) 28 *km*.
99) 2330,58 *km*. 100) 27 *km*. 101) 286 *km*.
102) Der Fußgänger hat noch 10 *km* auf der 55 *km* langen Strecke von A nach B zurückzulegen.
103) $77\frac{1}{7}$ *km*. 104) 9 *km*. 105) 10 *km* in der Stunde.
106) 76 *m* in der Stunde. 107) 54 *km* in der Stunde.
108) 14 *km* in der Stunde. 109) 83 *km* in der Stunde.
110) $\alpha = 70^0$, $\beta = 35^0$, $\gamma = 75^0$. 111) 36^0, 72^0, 72^0.
112) 54^0, 36^0. 113) 46^0. 114) 110^0, 70^0. 115) 140^0.
116) $A = 120^0$, $B = 60^0$, $C = 60^0$, $D = 120^0$.
117) $A = 100^0$, $B = 120^0$, $C = 80^0$, $D = 60^0$.
118) AB = 6 *cm*, BC = 12 *cm*, CD = 18 *cm*, DA = 12 *cm*.
119) a = 8 *cm*, b = 7 *cm*, c = 5 *cm*.
120) Im Zwölfeck. 121) Im Neuneck. 122) Im 30-Eck.
123) 4 *cm*. 124) 12 *cm*. 125) 20 *cm*. 126) 12 *cm*.
127) 8 *cm*, 2 *cm*. 128) 8 *cm*, 14 *cm*. 129) 13 *cm*, 5 *cm*.
130) 30 *cm*. 131) 2065 Mann. 132) 245 Steine. 133) 12 Fuß.
134) 20 *kg* bzw. 24 *kg*. 135) 5 *kg* bzw. 4 *kg*.
136) Das Objekt war $\frac{2}{3}$ *m*, das Bild 2 *m* entfernt.
137) Die spezifische Wärme ist $= \frac{p_2 (T - t_2)}{p_1 (t_1 - T)}$; Beispiel: 0,09.
138) Die Temperatur ist $= \frac{p_2 (T - t_2)}{p_1 \cdot c_1} + T$; Beispiel: 1131.

§ 17.

Gleichungen ersten Grades mit mehreren Unbekannten.

1) $\begin{cases} x = 10 \\ y = 5 \end{cases}$ 2) $\begin{cases} x = 3 \\ y = 4 \end{cases}$ 3) $\begin{cases} x = 4 \\ y = 3 \end{cases}$

4) $\begin{cases} x = 2 \\ y = 7 \end{cases}$ 5) $\begin{cases} x = 9 \\ y = 13 \end{cases}$ 6) $\begin{cases} x = 8 \\ y = 10 \end{cases}$

7) $\begin{cases} x = 5 \\ y = 3 \end{cases}$ 8) $\begin{cases} x = 13 \\ y = 11 \end{cases}$ 9) $\begin{cases} x = 9 \\ y = 15 \end{cases}$

10) $\begin{cases} x = 9 \\ y = 8 \end{cases}$ 11) $\begin{cases} x = 3 \\ y = 4 \end{cases}$ 12) $\begin{cases} x = 7 \\ y = 5 \end{cases}$

13) $\begin{cases} x = 12 \\ y = 15 \end{cases}$ 14) $\begin{cases} x = 21 \\ y = 15 \end{cases}$ 15) $\begin{cases} x = a \\ y = 2b \end{cases}$

16) $\begin{cases} x = a + b \\ y = a - b \end{cases}$ 17) $\begin{cases} x = a - b \\ y = a + c \end{cases}$ 18) $\begin{cases} x = ab + c \\ y = ac + b \end{cases}$

19) $\begin{cases} x = ab + cd \\ y = ac + bd \end{cases}$ 20) $\begin{cases} x = ad + bc \\ y = ac - bd. \end{cases}$

21) $\begin{cases} x = 3 \\ y = 6 \end{cases}$ 22) $\begin{cases} x = 4 \\ y = 5 \end{cases}$ 23) $\begin{cases} x = 2 \\ y = 3 \end{cases}$

24) $\begin{cases} x = 7 \\ y = 5 \end{cases}$ 25) $\begin{cases} x = 9 \\ y = 8 \end{cases}$ 26) $\begin{cases} x = 19 \\ y = -17 \end{cases}$

27) $\begin{cases} x = -11 \\ y = -7 \end{cases}$ 28) $\begin{cases} x = -5 \\ y = 8 \end{cases}$ 29) $\begin{cases} x = 7 \\ y = 10 \end{cases}$

30) $\begin{cases} x = 1 \\ y = -9 \end{cases}$ 31) $\begin{cases} x = a \\ y = 2a \end{cases}$ 32) $\begin{cases} x = 3b \\ y = 4b \end{cases}$

33) $\begin{cases} x = 2a + 3b \\ y = 3a + 2b \end{cases}$ 34) $\begin{cases} x = 2ab - 4cd \\ y = 4ac - 2bd. \end{cases}$

35) $\begin{cases} x = 8 \\ y = 6 \end{cases}$ 36) $\begin{cases} x = 2 \\ y = 3 \end{cases}$ 37) $\begin{cases} x = 4 \\ y = 5 \end{cases}$

38) $\begin{cases} x = 7 \\ y = 9 \end{cases}$ 39) $\begin{cases} x = 10 \\ y = 11 \end{cases}$ 40) $\begin{cases} x = 42 \\ y = -42 \end{cases}$

41) $\begin{cases} x = 1 \\ y = 1 \end{cases}$ 42) $\begin{cases} x = 9 \\ y = 1 \end{cases}$ 43) $\begin{cases} x = -8 \\ y = 7 \end{cases}$

44) $\begin{cases} x = -11 \\ y = -17 \end{cases}$ 45) $\begin{cases} x = a + b \\ y = a - b \end{cases}$ 46) $\begin{cases} x = 2a + 3b \\ y = 3a - 2b \end{cases}$

47) $\begin{cases} x = a \\ y = b \end{cases}$ 48) $\begin{cases} x = ab + c \\ y = ac + b. \end{cases}$

49) $\begin{cases} x = 2\frac{6}{11} \\ y = -5\frac{7}{22} \end{cases}$ 50) $\begin{cases} x = 11 \\ y = 0 \end{cases}$ 51) $\begin{cases} x = \frac{2}{3} \\ y = \frac{3}{4} \end{cases}$

52) $\begin{cases} x = 12 \\ y = 16 \end{cases}$ 53) $\begin{cases} x = 3\frac{1}{2} \\ y = 5\frac{1}{2} \end{cases}$ 54) $\begin{cases} x = -2\frac{1}{6} \\ y = -3\frac{5}{12} \end{cases}$

55) $\begin{cases} x = 15 \\ y = 8 \end{cases}$ 56) $\begin{cases} x = \frac{3}{4} \\ y = \frac{4}{7} \end{cases}$ 57) $\begin{cases} x = \frac{2}{5} \\ y = \frac{5}{9} \end{cases}$

58) $\begin{cases} x = -\frac{2}{3} \\ y = -\frac{4}{5} \end{cases}$ 59) $\begin{cases} x = 1{,}5 \\ y = 4{,}4 \end{cases}$ 60) $\begin{cases} x = 0{,}25 \\ y = 1{,}12 \end{cases}$

61) $\begin{cases} x = 1{,}5 \\ y = 2{,}5 \end{cases}$ 62) $\begin{cases} x = 3{,}5 \\ y = 1{,}8 \end{cases}$ 63) $\begin{cases} x = 1{,}4 \\ y = -0{,}5 \end{cases}$

64) $\begin{cases} x = -0{,}9 \\ y = -1{,}3 \end{cases}$ 65) $\begin{cases} x = 1\frac{1}{3} \\ y = \frac{2}{5} \end{cases}$ 66) $\begin{cases} x = -4{,}8\overline{36} \\ y = 6{,}8\overline{45} \end{cases}$

67) $\begin{cases} x = \dfrac{a+b}{2} \\ y = \dfrac{a-b}{2} \end{cases}$ 68) $\begin{cases} x = \dfrac{b}{a} \\ y = \dfrac{a}{b} \end{cases}$ 69) $\begin{cases} x = \dfrac{a+b}{c} \\ y = \dfrac{a-b}{d} \end{cases}$

70) $\begin{cases} x = \frac{1}{2}(d^2 + e^2) \\ y = -\frac{1}{2}ed. \end{cases}$

71) $\begin{cases} x = 5 \\ y = 6 \end{cases}$ 72) $\begin{cases} x = 12 \\ y = -8 \end{cases}$ 73) $\begin{cases} x = 4 \\ y = 9 \end{cases}$

74) $\begin{cases} x = 3 \\ y = 2 \end{cases}$ 75) $\begin{cases} x = 28 \\ y = 20 \end{cases}$ 76) $\begin{cases} x = 15 \\ y = 18 \end{cases}$

77) $\begin{cases} x = 1 \\ y = 2 \end{cases}$ 78) $\begin{cases} x = 1 \\ y = \frac{7}{8} \end{cases}$ 79) $\begin{cases} x = 2 \\ y = 3 \end{cases}$

80) $\begin{cases} x = 4 \\ y = -4 \end{cases}$ 81) $\begin{cases} x = a^2 \\ y = b^2 \end{cases}$ 82) $\begin{cases} x = \dfrac{a+b}{a-b} \\ y = \dfrac{a-b}{a+b} \end{cases}$

83) $\begin{cases} x = 4 \\ y = 5 \end{cases}$ 84) $\begin{cases} x = 10 \\ y = 6 \end{cases}$ 85) $\begin{cases} x = 3 \\ y = 8 \end{cases}$

86) $\begin{cases} x = \frac{1}{2} \\ y = 2 \end{cases}$ 87) $\begin{cases} x = 1 \\ y = 1 \end{cases}$ 88) $\begin{cases} x = 2 \\ y = 3 \end{cases}$

89) $\begin{cases} x = 4 \\ y = 1 \end{cases}$ 90) $\begin{cases} x = 1 \\ y = 7 \end{cases}$ 91) $\begin{cases} x = 7 \\ y = 4 \end{cases}$

92) $\begin{cases} x = 23 \\ y = 29 \end{cases}$ 93) $\begin{cases} x = 7 \\ y = 9 \end{cases}$ 94) $\begin{cases} x = 2 \\ y = 3 \end{cases}$

95) $\begin{cases} x = 7 \\ y = 11 \end{cases}$

96) $\begin{cases} x = 1 \\ y = 4 \end{cases}$

97) $\begin{cases} x = 1 \\ y = 1 \end{cases}$

98) $\begin{cases} x = 4 \\ y = 6. \end{cases}$

113) $\begin{cases} x = 1 \\ y = 2 \\ z = 3 \end{cases}$

114) $\begin{cases} x = 4 \\ y = 5 \\ z = 6 \end{cases}$

115) $\begin{cases} x = 1 \\ y = 3 \\ z = 5 \end{cases}$

116) $\begin{cases} x = 2 \\ y = 3 \\ z = 4 \end{cases}$

117) $\begin{cases} x = 5 \\ y = 3 \\ z = 2 \end{cases}$

118) $\begin{cases} x = 2 \\ y = 4 \\ z = 6 \end{cases}$

119) $\begin{cases} x = 3 \\ y = 4 \\ z = 5 \end{cases}$

120) $\begin{cases} x = 7 \\ y = 9 \\ z = 11 \end{cases}$

121) $\begin{cases} x = 1 \\ y = 0 \\ z = -1 \end{cases}$

122) $\begin{cases} x = 1 \\ y = 0 \\ z = 0 \end{cases}$

123) $\begin{cases} x = 5\frac{3}{5} \\ y = 10\frac{4}{5} \\ z = -6\frac{2}{5} \end{cases}$

124) $\begin{cases} x = 6 \\ y = 12 \\ z = 10 \end{cases}$

125) $\begin{cases} x = 6 \\ y = 8 \\ z = 9 \end{cases}$

126) $\begin{cases} x = \frac{1}{2} \\ y = \frac{1}{3} \\ z = \frac{1}{4} \end{cases}$

127) $\begin{cases} x = -1 \\ y = \frac{1}{5} \\ z = -\frac{1}{7} \end{cases}$

128) $\begin{cases} x = 5 \\ y = 6 \\ z = 9 \end{cases}$

129) $\begin{cases} x = a \\ y = b \\ z = c \end{cases}$

130) $\begin{cases} x = a(b + c) \\ y = b(a + c) \\ z = c(a + b) \end{cases}$

131) $\begin{cases} x = \dfrac{a}{b} + \dfrac{b}{c} \\ y = \dfrac{b}{c} + \dfrac{c}{a} \\ z = \dfrac{c}{a} + \dfrac{a}{b} \end{cases}$

132) $\begin{cases} x = 3\frac{1}{6} \\ y = 2\frac{1}{6} \\ z = 4\frac{1}{2} \end{cases}$

133) $\begin{cases} x = 3 \\ y = -4 \\ z = 5 \end{cases}$

134) $\begin{cases} x = 1 \\ y = 12 \\ z = -1 \end{cases}$

135) $\begin{cases} x = \frac{1}{2} \\ y = \frac{1}{3} \\ z = \frac{1}{4} \end{cases}$

136) $\begin{cases} x = \frac{1}{4} \\ y = \frac{1}{6} \\ z = \frac{1}{8} \end{cases}$

137) $\begin{cases} x = 7\frac{1}{8} \\ y = -3\frac{5}{12} \\ z = -\frac{3}{4} \end{cases}$

138) $\begin{cases} x = \frac{3}{5} \\ y = -\frac{5}{7} \\ z = \frac{7}{9} \end{cases}$

139) $\begin{cases} x = 2{,}2 \\ y = 3{,}5 \\ z = 4{,}8 \end{cases}$

140) $\begin{cases} x = 1 \\ y = 2 \\ z = 3 \end{cases}$ 141) $\begin{cases} x = 1 \\ y = 1 \\ z = -1 \end{cases}$ 142) $\begin{cases} x = \frac{q + r}{2a} \\ y = \frac{p + r}{2b} \\ z = \frac{p + q}{2c} \end{cases}$

143) $\begin{cases} x = a \\ y = -b \\ z = -c \end{cases}$ 144) $\begin{cases} x = a + b \\ y = b - c \\ z = c + a \end{cases}$ 145) $\begin{cases} x = 3\frac{1}{2} \\ y = 4\frac{1}{3} \\ z = 5\frac{1}{4} \end{cases}$

146) $\begin{cases} x = 2 \\ y = 3 \\ z = -1 \end{cases}$ 147) $\begin{cases} x = 2 \\ y = 3 \\ z = 4 \end{cases}$ 148) $\begin{cases} x = 12 \\ y = -16 \\ z = 20 \end{cases}$

149) $\begin{cases} x = \frac{1}{2} \\ y = \frac{1}{3} \\ z = \frac{1}{4} \end{cases}$ 150) $\begin{cases} x = 3 \\ y = 5 \\ z = 7 \end{cases}$ 151) $\begin{cases} x = 1 \\ y = 0 \\ z = -1 \end{cases}$

152) $\begin{cases} x = 1 \\ y = 2 \\ z = 1{,}5 \end{cases}$ 153) $\begin{cases} x = 0{,}5 \\ y = 1{,}5 \\ z = 2{,}5 \end{cases}$ 154) $\begin{cases} x = \frac{a}{2} - 2b \\ y = \frac{5b}{3} \\ z = 14b - 3a + \frac{c}{4} \end{cases}$

155) $x = \frac{p(ei - hf) + q(hc - ib) + r(bf - ce)}{a(ei - hf) + d(hc - ib) + g(bf - ce)}$, y und z analog;

157) $\begin{cases} x = 1 \\ y = -1 \\ z = 2 \\ w = -2 \end{cases}$ 158) $\begin{cases} x = \frac{1}{3} \\ y = -\frac{2}{3} \\ z = 2\frac{1}{3} \\ w = 1\frac{1}{3} \end{cases}$ 159) $\begin{cases} x = 1 \\ y = 2 \\ z = 3 \\ w = -3 \end{cases}$

160) $a = 0$, $b = 1$, $c = 3$, $a' = 1$, $b' = 2$, $c' = 1$.

§ 18.

Eingekleidete Gleichungen ersten Grades mit mehreren Unbekannten.

1) 5 und 2. 2) 3 und 4. 3) $\frac{81}{10}$ und $\frac{9}{10}$. 4) 86.

6) Die allgemeinen Ausdrücke für die erste Ziffer x und die zweite Ziffer y sind:

$$x = \frac{101a + 20b}{1782}, \qquad y = \frac{79a - 2b}{1782}.$$

Beispiele: a) 21, b) 31, c) 32, d) 42.

7) Die allgemeinen Ausdrücke für die erste Ziffer x und die zweite Ziffer y sind:

$$x = b, \qquad y = b - \frac{a}{9}.$$

Beispiele: a) 54, b) 75.

8) 30. 9) $\frac{11}{17}$. 10) $\frac{9}{16}$.

12) 7 und 9. 13) 6 und 2. 14) 428 und 571.

16) 9,20 ℳ und 3,70 ℳ.

17) 50 Aufgaben richtig, 10 Aufgaben falsch.

18) 24 Personen dafür, 12 Personen dagegen.

19) 34 Zwanzigmarkstücke und 20 Zwanzigfrankstücke.

20) 1 *l* Weißwein kostet 1 ℳ, 1 *l* Rotwein 2,50 ℳ.

21) 1 *kg* vom grünen Feuerwerkssatz, 2 *kg* vom blauen.

22) 190 *g* Schwefelsäure. 23) $1\frac{5}{48}$ ℔ weniger.

24) 36 Wochen, 30 Kühe.

26) 20000 ℳ zu 4%, 50000 ℳ zu $4\frac{1}{2}$%.

27) A hatte 7500 ℳ, B 4500 ℳ beigesteuert.

28) Das erste Kapital beträgt 12500 ℳ, das zweite 10500 ℳ.

29) Der Schiffsrumpf war mit $1\frac{1}{2}$‰, die Ausrüstung mit 1‰ versichert.

30) Die Geschwindigkeit des Schalles ist 333 *m*, die des Windes 7 *m*.

31) 175 *m* und 25 *m* in der Sekunde.

32) A legte 5 *km*, B 6 *km* in 1 Stunde zurück; die beiden Örter sind 33 *km* voneinander entfernt.

33) A war um 7 Uhr, B um 9 Uhr aufgebrochen; die Dörfer sind 24 *km* voneinander entfernt.

35) Die Maschine treibt den Dampfer in der Stunde $16\frac{1}{5}$ *km* weit, der Strom $4\frac{1}{5}$ *km* weit.

37) 25 *qcm* und 9 *qcm*.

38) Die allgemeinen Ausdrücke für die beiden Seiten x und y des Rechtecks sind:

$$x = a + \frac{c}{a + b}, \qquad y = \frac{bc}{a(a + b)}.$$

Beispiele: a) x = 10 *cm*, y = 12 *cm*; b) x = 7 *cm*, y = 6 *cm*;
c) x = 13 *cm*, y = 12 *cm*.

39) Die Seiten des einen Rechtecks sind 13 *cm* und 7 *cm*, die des anderen Rechtecks sind 18 *cm* und 11 *cm* lang.

40) 8 *cm* und 4 *cm*. 41) 24 *cm* und 32 *cm*.

42) 2, 3, 5. 43) 12, 24, 36. 44) 124. 45) 753.

46) 135. 47) 248. 48) 9045. 49) 374 mal 586.

50) 75°, 65°, 40°. 51) 8 *cm*, 6 *cm*, 5 *cm*.

52) a) 140°, 40°, 100°, 80°; b) 165°, 15°, 75°, 105°.

53) Lessing zählte 50 Jahre, Herder 35, Goethe 30, Schiller 20.

54) 48, 64, 88, 124.

55) A besaß anfangs 89,80 ℳ, B 45 ℳ, C 22,60 ℳ, D 11,40 ℳ, E 5,80 ℳ, F 3 ℳ, G 1,60 ℳ.

56) Es stellten

die Phoker, Lokrer, Eleer, Ätoler	je 40 Schiffe,
die Böoter, Athener, Myrmidonen	je 50 „
die Argiver, Kreter	je 80 „
die Lakedämonier, Arkadier	je 60 „
die Pyler	90 „
das Gefolge des Agamemnon	100 „

§ 19.

Arithmetische Reihen erster Ordnung.

1) $s = 436400$. 2) $s = 8050$. 3) $s = 1430$. 4) $s = 1218$.

5) 156 Schläge. 6) a) 6633; b) 165150; c) $\frac{3n}{2}(1+n)$.

7) 176,4 *m*. 8) Um 1900.

9) $d = 273$. 10) $d = 3$. 11) $d = 33\frac{1}{3}$.

12) $d = 4$. 13) Um 20 ℳ.

14) $z = 320$. 15) $z = 643$. 16) $z = 250$.

17) 6450 ℳ. 18) 875 Studenten.

19) $a = 200$. 20) $a = 540$. 21) $a = 228$.

22) a) 8 Karten; b) 12 Karten.

23) $n = 87$. 24) $n = 1165$. 25) 11 Stunden.

26) 1,1; 1,2; . . . 1,9. 27) 15; 26; . . . 235.

28) 11°, 12°; . . . 25°. 29) $2\frac{2}{7}$ *m*.

30) 273. 31) 128572. 32) 371250.

33) $a = 7$; $d = 5$. 34) 775 ℳ.

35) Um 2 *m*, Summe aller Parallelen 475 *m*.

36) a) $d = \frac{z-a}{n-1}$, b) $d = \frac{2(s-an)}{n(n-1)}$, c) $d = \frac{2(zn-s)}{n(n-1)}$,

d) $d = \frac{(z+a)(z-a)}{2s-(z+a)}$, e) $a = z-(n-1)d$,

f) $a = \frac{2s-nz}{n}$, g) $a = \frac{2s-n(n-1)d}{2n}$,

h) $z = \frac{2s-na}{n}$, i) $z = \frac{2s+n(n-1)d}{2n}$,

k) $n = \frac{2s}{a+z}$, l) $n = \frac{d+z-a}{d}$.

37) a) $\frac{2}{27}$, $\frac{1}{14}$, $\frac{2}{29}$, $\frac{1}{15}$, $\frac{2}{31}$, $\frac{1}{16}$, $\frac{2}{33}$.

Anhang.

§ 20.

Eigenschaften der natürlichen Zahlen.

5) a) 63 Teiler, b) 50 Teiler, c) 22 Teiler.

6) a) 1008 Teiler, b) 216 Teiler.

32) a) Mittwoch, b) Freitag, c) Sonnabend, d) Mittwoch, e) Freitag, f) Montag.

33) a) Freitag, b) Mittwoch, c) Sonnabend, d) Freitag, e) Montag.

67) $\frac{40}{63}$. 68) $5\frac{115}{351}$. 69) $\dfrac{15\,a\,c^2 + 41\,b\,c^2 - 10\,a^2 b - 30\,a\,b^2}{30\,c\,(a^2 - 9\,b^2)}$.

70) $\dfrac{4\,x^4 + 27\,x^3 + 19\,x^2 + 21\,x + 9}{x^6 - x^4 - x^2 + 1}$.

72) a) 4536, b) 1071, c) 216, d) 5009.

73) a) $\frac{7}{11}$, b) $\frac{506}{777}$, c) $38\frac{1}{2}$, d) $\frac{141}{219}$.

74) a) $\dfrac{a^3 + a^2 b + a\,b^2 + b^3}{a^2 + a\,b + b^2}$, b) $\dfrac{5\,a\,x}{a - 3\,x}$, c) $\dfrac{x - 1}{x + 2}$, d) $\dfrac{x - 3}{x - 6}$,

e) $\dfrac{a^2 + \frac{3}{2}\,a - \frac{5}{2}}{a - \frac{5}{7}}$, f) $\dfrac{x^5 - 1}{x - 3}$, g) $\dfrac{x^2 - x + 1}{x^3 - x^2 + x - 1}$.

§ 22.

Dezimalbrüche.

12) 6,559997 13) 12,022 14) 5,358 15) 31,7309 16) —15,406

17) —4,66212; 21) 38,2936748 22) —8,908309

23) 707,8054 24) 4,6773 25) 19,200302.

56) 9,004 57) $157{,}59\underline{3}$ 58) $3{,}30\underline{0}$; 60) $0{,}81\underline{6}$ Liter

61) 6378 bis 6379 *km*.

66) $0{,}\overline{285714}$ 67) $0{,}2\overline{142857}$ 68) $0{,}3\overline{142857}$ 69) $0{,}\overline{692307}$

70) $0{,}9\overline{615384}$ 71) $2{,}\overline{027}$ 72) $0{,}\overline{12195}$ 73) $0{,}7\overline{857142}$

74) $2{,}0\overline{285714}$ 75) $0{,}0\overline{12195}$ 76) $0{,}\overline{012345679}$ 77) $0{,}35069\overline{4}$

78) $0{,}\overline{010989}$.

84) $\frac{29}{99}$; 85) $\frac{11}{27}$; 86) $\frac{43}{303}$ 87) $1\frac{19}{41}$; 88) $\frac{12}{13}$; 89) $\frac{3}{13}$; 90) $4\frac{2}{7}$;

91) $42\frac{6}{7}$; 92) $\frac{11}{63}$; 93) $\frac{4}{41}$; 94) $\frac{38}{45}$; 95) $\frac{6}{35}$; 96) $10\frac{4}{15}$; 97) $\frac{53}{71}$;

98) $\frac{19}{36}$; 99) $\frac{617}{1800}$; 100) $\frac{598}{1025}$; 101) $13\frac{199}{1300}$; 102) $\frac{275263}{370000}$.

108) 9,86; 109) 9,866; 110) 9,8697; 111) 2,248;

112) 0,0363; 113) 433,1; 114) 3818; 115) 0,00000712;

116) 79,0108; 117) 1,83; 118) 586,24; 119) 0,1576;

120) 0,0264; 121) 3,6258; 122) 0,0815;

123) a) 201,665, b) 1,72567; 124) a) 86,842, b) 272,04;
125) a) 71,671, b) 349,63; 126) a) —18,39, b) 284,95;
127) a) 910,4, b) 75103; 128) a) 2,967, b) 42950,5;
129) a) 41,974, b) 354369,3; 130) x = 82,6;
131) x = 15; 132) $x = 1{,}374\overline{3}$; 133) x = 75;
134) x = 1,341; 135) x = 1,8; 136) x = 35,76;
137) x = 1,256; 138) x = 2; 139) x = 1;
140) x = 1,7; 141) x = 100; 142) $x = 6\frac{8}{13}$;
143) x = 0,4; 144) $x = 5\frac{1}{4}$; 145) x = 0,1.

§ 23.
Maße.

2_1) 0,03997 *kg*	3) —333,33 *m*	4) 44,7125 *qm*
5) 4,53 *kg*	6) 0,01972 jug.	7) 4,833 Stadien
8) 9,838097 Talente	9) 2,375 Sekt.	10) 184980 *m*
11) 0,5299 *m*	12) 151,414 *m*	13) $985{,}\overline{6}$ *m*
14) 631,319 *m*	15) 3,474 *m*	16) 81624,824 *m*
17) 7362,5 *qm*	18) 1259100 *qm*	19) 185510,9635 *m*
20) 15,759 *cbm*	21) 0,08436 *kg*	22) 6,2 *M*
23) 2,84 *M*	24) 69,16 *M*	25) 7,37 *M*
26) 28,69 *M*	27) 175,4 *M*	28) 4,35 *M*
29) 15235,88 *M*	30) 289,006 *m*	31) 738382,18 *qm*
32) 67,26 *M*	33) 190,98 *M*	34) 0,33 *M*
35) 7,48 *M*	36) 10,95 Ob.	37) in 7,6 Minuten
38) 58,758 *a*	39) 2400,8 Sext.	40) 71,68 Drachmen
41) $0{,}77\overline{8}$ Talente	42) 450 Talente	43) 0,5202 *m*

44) Bis auf den 106. Teil; 46) 2,65 mal so groß;
47) a) in 16,22 Minuten, b) in 21,63 Minuten;

48) 0,09 %	49) zwölfmal	50) 178,6826 *qcm*.

§ 24.
Zwölf Gleichungen aus der griechischen Anthologie.

1) Das Gewicht der Trinkschale beträgt $1\frac{1}{2}$ Minen. 2) 40 Talente.
3) 97,5; 98,5; 99,5; 100,5; 101,5; 102,5 Drachmen.
4) $4\frac{27}{62}$ Talente und $\frac{35}{62}$ Talent. 5) $\frac{5}{17}$ Tag.
6) A erhielt $1\frac{5}{7}$ Talente, B $2\frac{2}{7}$ Talente, die Witwe 1 Talent.
7) In $\frac{12}{37}$ Tag. 8) In $\frac{12}{25}$ Tag. 9) $4\frac{4}{5}$ Stunden.
10) A hat $15\frac{5}{7}$, B $18\frac{4}{7}$ Minen. 11) A besitzt $3\frac{5}{7}$, B $4\frac{6}{7}$ Minen.
12) $30\frac{1}{2}$ Minen Gold, $9\frac{1}{2}$ Minen Kupfer, $14\frac{1}{2}$ Minen Zinn, $5\frac{1}{2}$ Minen Eisen.

FSC
www.fsc.org
MIX
Papier | Fördert gute Waldnutzung
FSC® C083411

Zeitfracht Medien GmbH
Ferdinand-Jühlke-Straße 7
99095 Erfurt, Deutschland
produktsicherheit@kolibri360.de